矮行星：
繞著其他天體運轉的
小型行星。

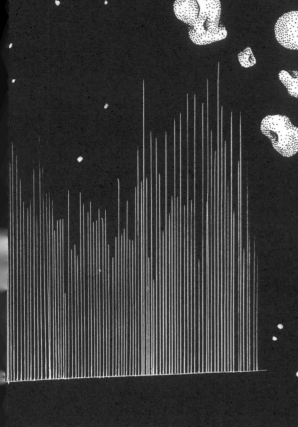

小行星：
在太空中行進的岩塊。
大部分的小行星位在小
行星帶。

空間航行者 (spationaut)：
這是歐洲對太空人的統稱。俄羅斯人叫他們宇航員
(cosmonaut)，美國人叫他們星航員 (astronaut)，
台灣則稱他們為太空人！

彗星：
也被稱為「髒雪球」，它來自
太陽系外圍，靠近太陽時，會
灑出灰塵和氣體，在後方形成
長達數千公里的2條尾巴。

獻給工作坊的小朋友們，我很喜歡和你們聊聊關於太空的大小事。
也獻給快要加入的諾諾、塞莉、馬歇爾、露露、瓦倫汀、安珀、羅莎莉亞和亞瑟……

作者　蓋兒・阿莫拉斯（Gaëlle Alméras）

擁有時裝和平面設計學位，除了從事傳播、場景設計和紡織品絲網印刷工作，也熱愛藝術與科學，尤其是天文學和自然，是一位活躍的作家與插畫家。
2009年，她寫給大人的童話《班布》入圍安古蘭國際漫畫節新秀獎（Jeunes Talents d'Angoulême）。2015年開始撰寫創作科普圖書，《動物小夥伴的超級太空週末》獲得2019年安德烈・布拉希奇獎（Prix André Brahic）最佳兒童天文學繪本，並入圍2018三大獎項決選：蒙特伊童書展漫畫類小金塊獎、法國高等教育部科學品味獎（Prix le gout des Sciences），以及安古蘭國際漫畫節與普瓦捷教區主辦的大學獎（Prix des collèges）。
自2018年以來，她一直定期在學校發表關於藝術和科學的演說，舉辦展覽和研討會。另著有《動物小夥伴的超級海洋週末》（繁中版預計2023年4月出版）。

譯者　洪夏天

英國劇場工作者與中英法文譯者，熱愛語言文字書籍。

商周教育館 60
動物小夥伴的超級太空週末

作者——蓋兒・阿莫拉斯（Gaëlle Alméras）
譯者——洪夏天
企劃選書——羅珮芳
責任編輯——羅珮芳
版權——吳亭儀、江欣瑜
行銷業務——周佑潔、黃崇華、賴玉嵐
總編輯——黃靖卉
總經理——彭之琬
事業群總經理——黃淑貞

發行人——何飛鵬
法律顧問——元禾法律事務所王子文律師
出版——商周出版
台北市 104 民生東路二段 141 號 9 樓
電話：(02) 25007008・傳真：(02)25007759
發行——英屬蓋曼群島商家庭傳媒股份有限公司
城邦分公司
台北市中山區民生東路二段 141 號 2 樓
書虫客服務專線：02-25007718；25007719
服務時間：週一至週五上午 09:30-12:00；下午
13:30-17:00
24 小時傳真專線：02-25001990；25001991
劃撥帳號：19863813；戶名：書虫股份有限公司
讀者服務信箱：service@readingclub.com.tw
城邦讀書花園：www.cite.com.tw
香港發行所——城邦（香港）出版集團
香港灣仔駱克道 193 號東超商業中心 1F
電話：(852) 25086231・傳真：(852) 25789337
E-mail：hkcite@biznetvigator.com

馬新發行所——城邦（馬新）出版集團【Cite (M) Sdn Bhd】
41, Jalan Radin Anum, Bandar Baru Sri Petaling, 57000 Kuala Lumpur, Malaysia.
電話：(603) 90563833・傳真：(603) 90576622
Email: service@cite.com.my

封面設計——林曉涵
內頁排版——陳健美
印刷——韋懋實業有限公司
經銷——聯合發行股份有限公司
電話：(02)2917-8022・傳真：(02)2911-0053
地址：新北市 231 新店區寶橋路 235 巷 6 弄 6 號 2 樓

初版——2023 年 3 月 9 日初版
定價——400 元
ISBN——978-626-318-533-3

國家圖書館出版品預行編（CIP）資料
動物小夥伴的超級太空週末／蓋兒・阿莫拉斯（Gaëlle Alméras）著；洪夏天譯. -- 初版. -- 臺北市：商周出版：英屬蓋曼群島商家庭傳媒股份有限公司城邦分公司發行，2023.03
    面；　公分. --（商周教育館；60）
譯自：Le super weekend de l'espace
ISBN 978-626-318-533-3(平裝)

1.CST: 天文學 2.CST: 通俗作品

320　　　　　　　　　　　　111020547

線上版回函卡

Le Super Weekend de l'espace

動物小夥伴 的 超級太空週末

安古蘭漫畫節入圍插畫家
蓋兒・阿莫拉斯
Gaëlle Alméras 著

洪夏天 譯

歡迎來到這個迷人的世界：我們的世界！

快加入書中三個調皮的新朋友，一起發掘天空的奧祕吧！
小老鼠拉特、鴨嘴獸歐尼和河狸卡絲特各有獨特的個性，
有的有點喜歡科學，有的毫無興趣；
有的不太關心天空，有的則對天空充滿好奇。
他們將透過這段冒險旅程了解一件非常重要的事：
我們的世界既美麗又充滿驚奇，我們怎能不多關心身邊的事物呢？
只要有一副望遠鏡和一把手電筒，再用一張紅紙降低手電筒的亮度，
你就能發掘這個帶給你生命的宇宙的神奇之處。
女孩和男孩們，不管你們現在幾歲，都一起進入宇宙吧！
好好愛它！你們將會收獲滿滿！

祝你們享受銀河太空之旅，
你們的，
天體物理學和宇宙學家　艾蓮·科杜　(Hélène Courtois)

前言

Chapter 1

天文學就在你身邊

許多人認為天文學是**科學之母**呢！

天文學是研究天空、恆星，更廣泛地來說，整個宇宙的科學。

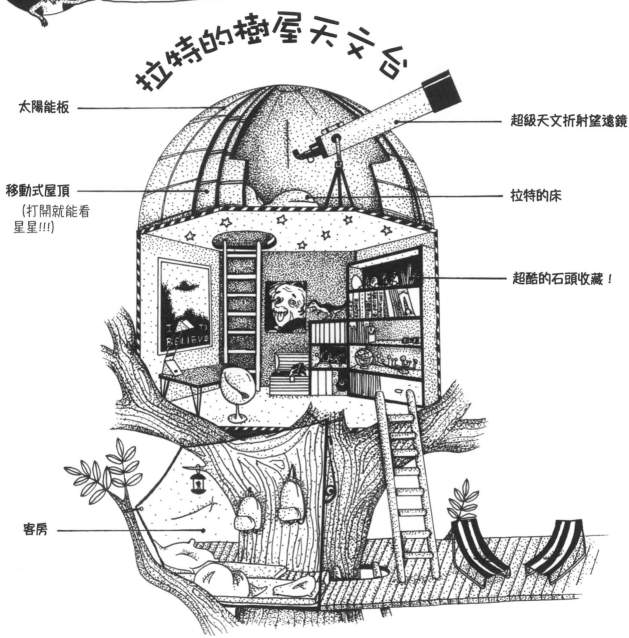

拉特的樹屋天文台

太陽能板

超級天文折射望遠鏡

移動式屋頂
（打開就能看星星!!!）

拉特的床

超酷的石頭收藏！

客房

天文台是我們觀測天文現象的地方。它不只遠離城市的燈光，也設置了觀測設備。

還有個藏了很多餅乾的寶庫唷！

 Chapter 2

宇宙的地址

首先，我們必須先知道我們的**宇宙地址**！太陽系有**8大行星**，地球就是其中一個。

我們的**銀河系**中，還有其他非常多很像太陽系的恆星系統！

△1 太陽系

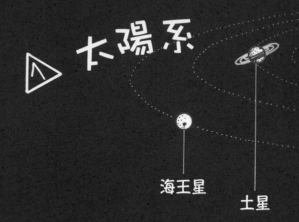

海王星　　土星

△2 銀河系

這是我們的星系。

太陽就在那兒！好小喔！

銀河系是螺旋狀！

還有其他各式各樣的星系！

不規則星系

橢圓星系 ↘

有些科學家認為，其他形狀的星系其實是兩個螺旋星系碰撞後形成的。

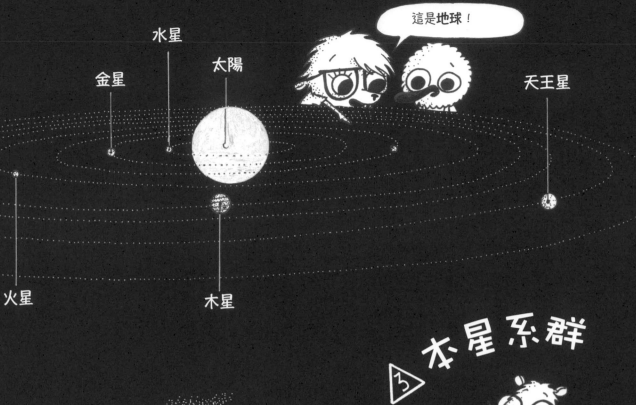

水星

金星

太陽

天王星

這是地球！

火星

木星

③ 本星系群

銀河系是**本星系群**一員，本星系群約有50幾個星系。

在未來的數億年間，銀河系的鄰居**仙女座星系**會逐漸靠近，彼此發生碰撞，形成一個更龐大的**星系**……

銀河系是螺旋星系，那為什麼我們在夜空中看到的銀河只有粗粗的一撇？

那是因為我們的星系是平的

就像一個披薩！！！

想像一下我們若是披薩上的蘑菇，會看到什麼景象呢？

披薩……

披薩……

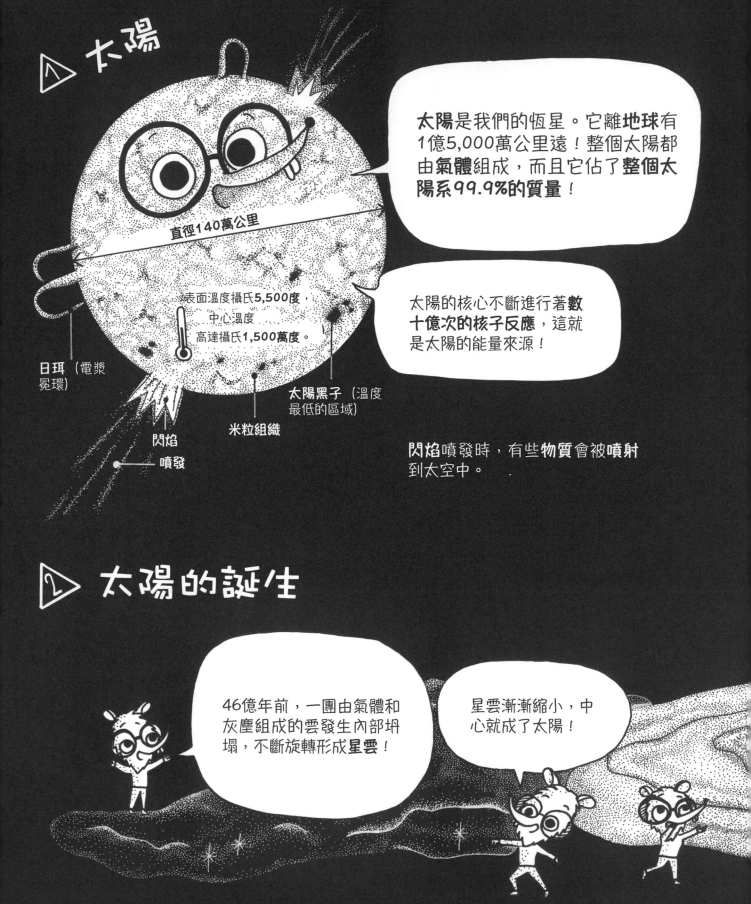

▷ 太陽

直徑140萬公里

表面溫度攝氏5,500度，
中心溫度
高達攝氏1,500萬度。

日珥（電漿
冕環）

閃焰
噴發

米粒組織

太陽黑子（溫度
最低的區域）

太陽是我們的恆星。它離地球有
1億5,000萬公里遠！整個太陽都
由氣體組成，而且它佔了整個太
陽系99.9%的質量！

太陽的核心不斷進行著數
十億次的核子反應，這就
是太陽的能量來源！

閃焰噴發時，有些物質會被噴射
到太空中。

▷ 太陽的誕生

46億年前，一團由氣體和
灰塵組成的雲發生內部坍
塌，不斷旋轉形成星雲！

星雲漸漸縮小，中
心就成了太陽！

這些**噴射**現象並**不危險**，它們還形成了地球上肉眼所能看到**最美麗的景觀**：

極光

哇啊啊啊!!!

北半球的極光稱為**北極光**，南半球的則叫做**南極光**！

金屬和岩石的灰塵漸漸在太陽周圍凝聚在一起，形成**岩石行星**！

離太陽愈遠，氣體和冰塊愈多，它們聚在一起就形成了**氣態行星**！

剩下的物體繼續繞著太陽旋轉，並且變平。

3 行星的形成

岩石行星

灰塵不斷旋轉,漸漸凝聚在一起,成為一個個小石塊。

小石塊撞在一起就會產生熱能。

石塊熔化,全都混在一起!

很多石塊融合在一起……

不斷旋轉,愈變愈圓!

地函
地核
地殼

然後,登愣!

一個岩石行星誕生了!

沒錯,但這可要花上數百萬年唷!

氣態行星

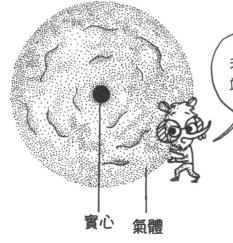

實心　氣體

我們沒辦法站在上面!

啊哈,你的手臂不見了!

▷ 剩下的 物體呢?

小行星帶

(位在岩石行星和氣態行星之間)

小行星帶由許多石塊（**小行星**）組成，
這些石塊從太陽系成形時就存在了，但
沒有形成行星。這可能是因為它們所處
的位置特別，介於火星和木星之間。

穀神星
940公里

這兒還有一顆矮行星!

古柏帶

太陽系的外圍有很多彗星和矮行星，
比如**鳥神星**、**鬩神星**、**妊神星**和**冥王
星**（於2006年歸為矮行星）!

冥王星

我喜歡冥王星!

以前冥王星被視為太陽系的第9大行星!

沒錯！但是冥王星跟其他行星不一樣，它繞行太陽的軌道上還有其他天體，所以不能被歸類為行星!

水星
170°C

金星
460°C

火星
-65°C

這就是我們神奇的**太陽系**！

瞧瞧**月球**，它幾乎跟**水星**一樣大！

失重狀態實在太酷啦！

我居然不會頭暈！

月球

地球
15°C

小行星帶

岩石行星
（也稱為類地行星）

金星是最熱的行星，這是它的大氣成分造成的。

地球是我們的星球！它的表面有70%都是水！

水星最靠近太陽，但它不是最熱的行星。

火星是我們的下個目標！

人類到過最遠的地方，是月球！

氣態行星

木星是太陽系中最大的行星，它的周圍總共有79顆月亮，也就是它的衛星！

木星
-160℃

木星上有個紅色斑點！

是的，那是個風暴，它存在數百年了！

海王星
-220℃

海王星和天王星也叫做冰巨行星！

土星非常容易辨認！它的周圍有許多由岩石、灰塵和冰組成的環帶。這些土星環的厚度界於2~10公里，直徑長達360,000公里！

在地球上，只要使用一般望遠鏡就能看見這些環帶！

土星
-190℃

-220℃
天王星

天王星也有一個環帶，但比土星的小很多！

雨停了！太陽又出來啦！

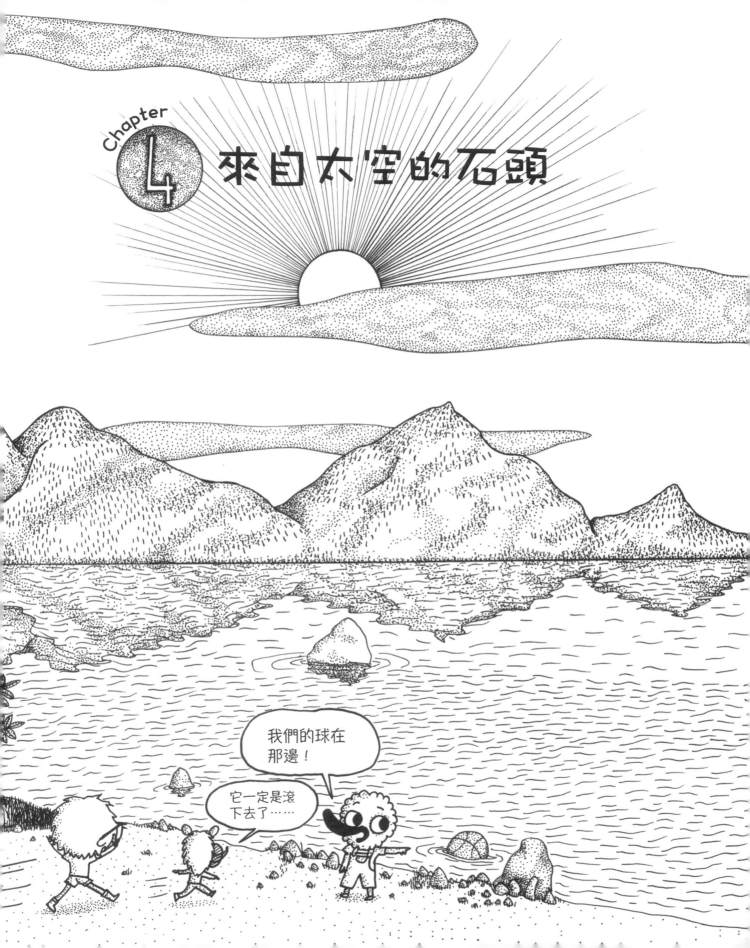

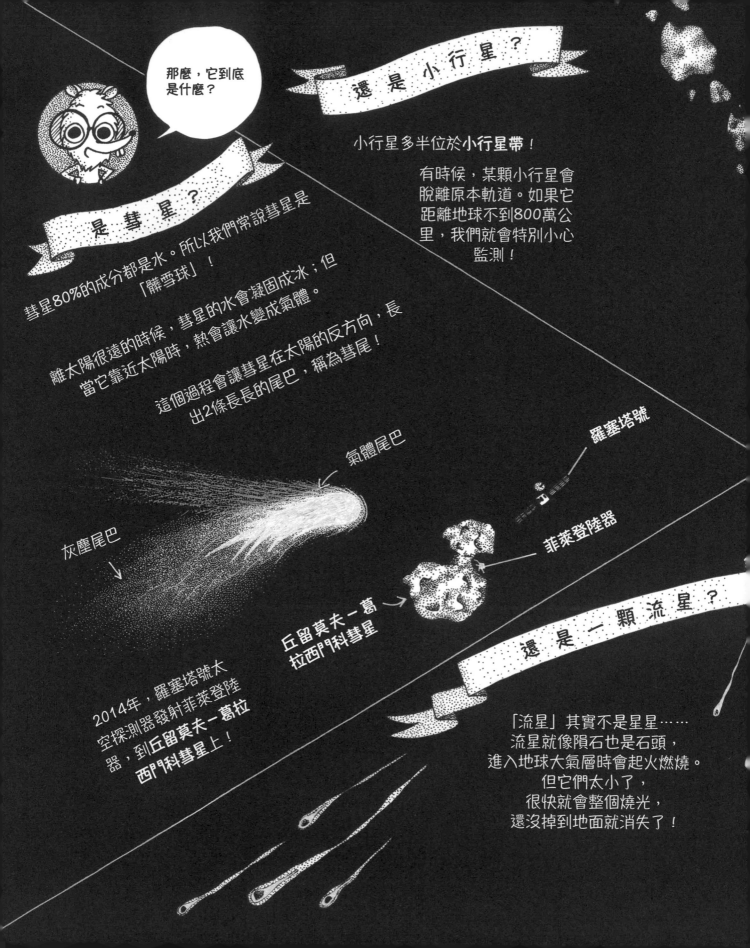

那麼，它到底是什麼？

還是 小行星？

小行星多半位於小行星帶！

有時候，某顆小行星會脫離原本軌道。如果它距離地球不到800萬公里，我們就會特別小心監測！

是 彗星？

彗星80%的成分都是水。所以我們常說彗星是「髒雪球」！

離太陽很遠的時候，彗星的水會凝固成冰；但當它靠近太陽時，熱會讓水變成氣體。

這個過程會讓彗星在太陽的反方向，長出2條長長的尾巴，稱為彗尾！

氣體尾巴

羅塞塔號

灰塵尾巴

菲萊登陸器

丘留莫夫－葛拉西門科彗星

2014年，羅塞塔號太空探測器發射菲萊登陸器，到丘留莫夫－葛拉西門科彗星上！

還是 一顆 流星？

「流星」其實不是星星……
流星就像隕石也是石頭，
進入地球大氣層時會起火燃燒。
但它們太小了，
很快就會整個燒光，
還沒掉到地面就消失了！

它們的形狀就像馬鈴薯！

直徑超過1公里的小行星足足有100萬顆以上！

還是隕石？

當來自太空中的物體，掉落在另一個天體的表面，就叫做隕石。隕石可能會掉在地球、月球，或小行星等天體的表面。

隕石進入大氣層時會起火燃燒！因此掉落在地上後，看起來很黑，好像融化似的！

50,000年前，一顆直徑40公尺的隕石落在美國的亞利桑那州，形成直徑**1,250公尺**的隕石坑！

隕石坑

這就是恐龍滅亡的原因：**一顆隕石！**

八月是觀賞流星的最好時機。這時有英仙座流星雨，流星看起來就像從英仙座灑落似的！

呃……每看到一顆，就得許願一次嗎？

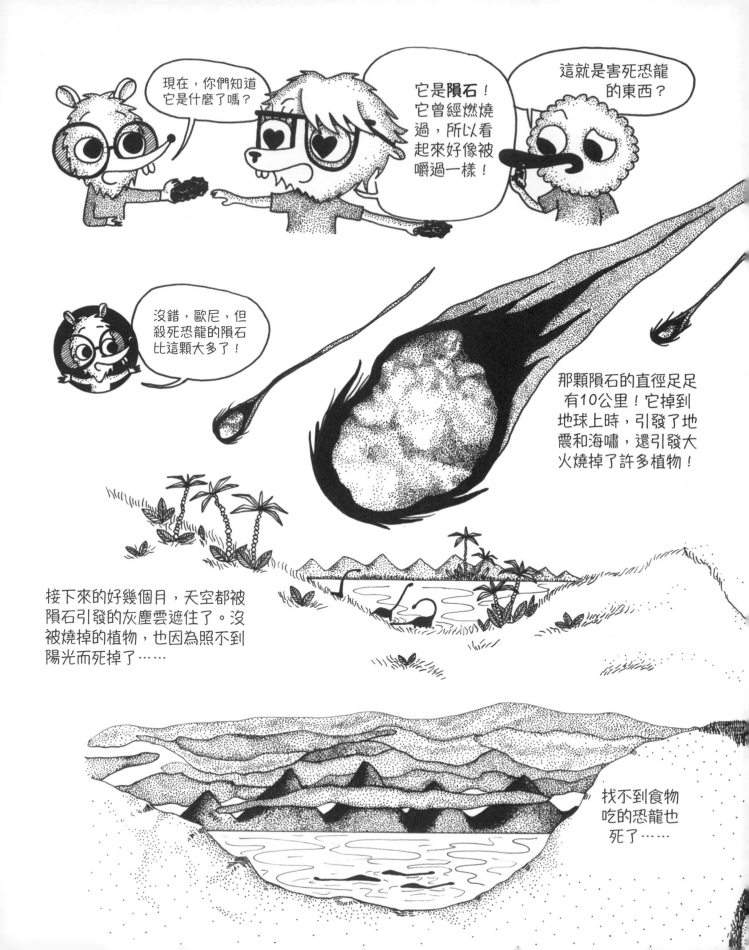

天文折射望遠鏡

這是觀測用的儀器，它跟望遠鏡一樣，裡頭也裝了很多鏡片。1609年，伽利略第一次用望遠鏡觀看天空！後來由天文學家克卜勒進一步改良。

反射望程鏡的運作方式和折射望遠鏡不一樣，它仰賴的是一個由數片鏡子組成的系統！

月球上

月球是地球唯一的天然衛星，
每28天繞地球一圈！

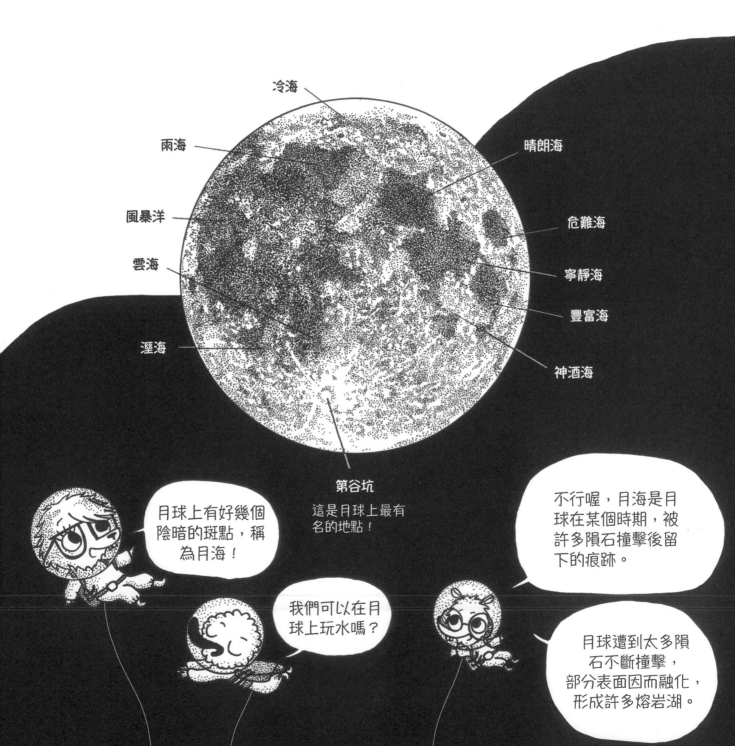

冷海

雨海

晴朗海

風暴洋

危難海

雲海

寧靜海

豐富海

溼海

神酒海

第谷坑
這是月球上最有
名的地點！

月球上有好幾個
陰暗的斑點，稱
為月海！

我們可以在月
球上玩水嗎？

不行喔，月海是月
球在某個時期，被
許多隕石撞擊後留
下的痕跡。

月球遭到太多隕
石不斷撞擊，
部分表面因而融化，
形成許多熔岩湖。

▷ 1 月球的誕生

太陽系剛形成的時候,有很多行星
離太陽很近,並且繞著太陽旋轉,
數量比現在還多唷!

其中一顆行星叫**忒伊亞**,它
撞上地球,產生灰塵雲。

這些灰塵雲一邊繞著
地球旋轉,一邊凝聚
起來。

最後形成了月球!

▷ 2 月相

月球自轉的同時也繞著地球轉,
同時間地球則繞著太陽公轉!

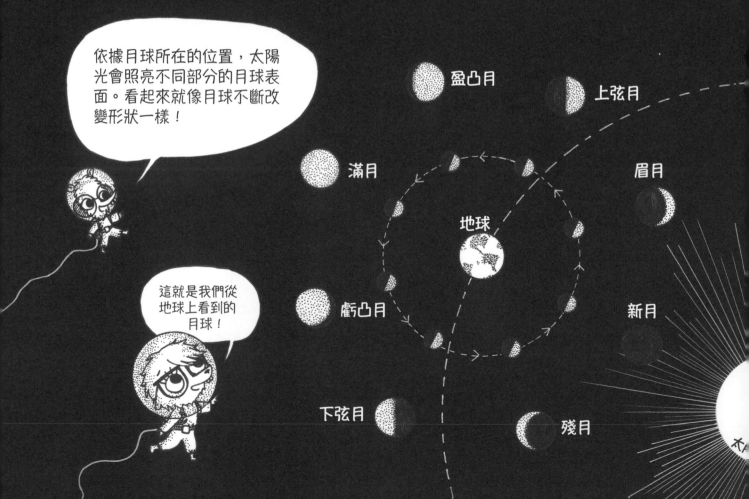

依據月球所在的位置,太陽
光會照亮不同部分的月球表
面。看起來就像月球不斷改
變形狀一樣!

這就是我們從
地球上看到的
月球!

盈凸月　　上弦月

滿月　　　　　　眉月

地球

虧凸月　　　　　新月

下弦月　　　　殘月

月球每28天繞行地球一周，
而月球自轉一圈也需要28天……
這個「同步運動」讓月球
永遠以同一側面對我們！
這就是為什麼我們說，
月球把另一面「藏了起來」！

別這麼害羞嘛！

這一面的月球很有趣喔！

4 日食

新月時，月球並沒有消失，
只是太陽光照在月球的另一
面，也就是我們看不到的那
一面。

月球必須在新月時經過太陽前方，才
會出現日食。這時，地球上的時間雖
然是白天，天空卻暗了下來，就好像
夜晚降臨了一樣。
這就是所謂的**日全食**！
我們必須戴上特製眼鏡，才能看到日
全食！

太帥了！

對呀，好美啊！

我說的是眼鏡啦！

月球

地球

月球比太陽小，但
它離我們比較近，
因此在「日全食」
發生時，月球會擋
住整個太陽！

人類曾踏上月球！

月球離地球384,400公里。
1969年，阿波羅11號花了3天才抵達月球，阿姆斯壯是第一個踏上月球的人。
1969~1972年間，共有12人踏上月球，全都是美國男性。自此之後，再也沒有人回到月球……
目前還沒有女性踏上月球！

為什麼我們不去月球了？

當時，人類的科技有限，前往月球只是為了取得樣本。人類為了取得月球樣本已經去了6次。

因為進行月球任務很昂貴，再加上當時也沒有再去月球的理由！

但是現在，我們有能力在月球上建造基地、進行實驗！

所以人類會再次前往月球！

拉特！當時的足跡還留在月球上呢！

當然！月球上不會下雨，也沒有風吹！

「我的一小步，是人類的一大步！」＊

＊阿姆斯壯踏上月球後說的第一句話！

那為什麼沒有女性登上太空呢？

對呀，這究竟是為什麼？

我說的是沒有女性登上月球，不是沒有女性登上太空喔！

登上太空的女超人！

從人類開始探索太空以來，共有50名女性航向太空！

瓦倫蒂娜·泰勒切可娃
蘇聯第一位女太空人！她在第一位蘇聯太空人尤里·加加林登上太空後2年出發。

1963

1983

莎莉·萊立德
美國第一位女太空人！

克洛迪·艾涅爾
法國第一位女太空人！

1996

2012

劉洋
中國第一位女太空人！

也許有一天……卡絲特會成為第一位登上月球的女性！

卡絲特

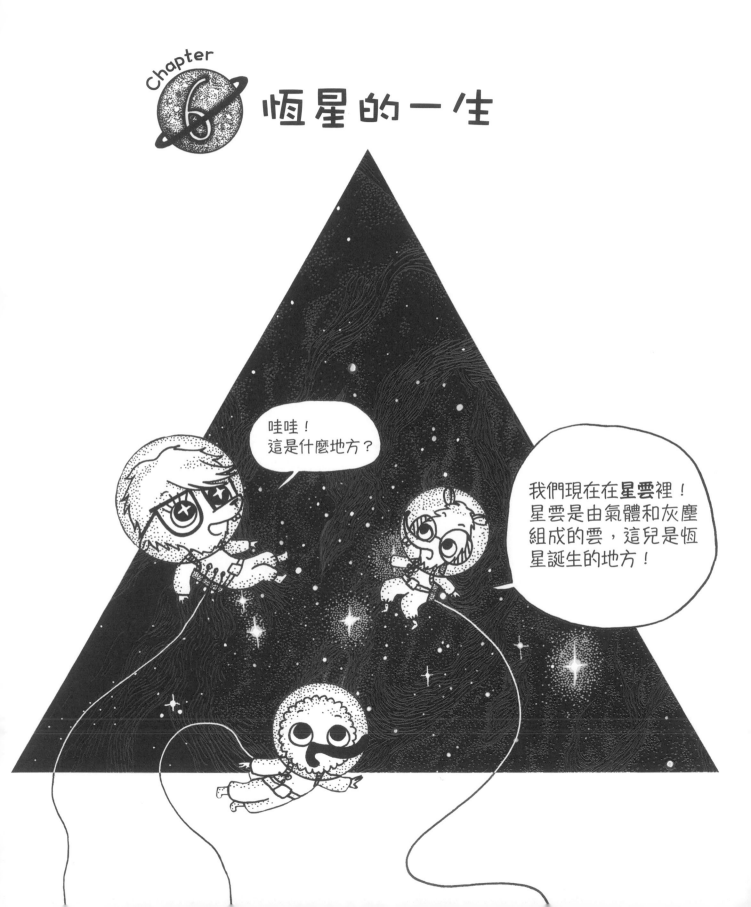

每顆恆星的大小不同，顏色也不一樣！

北河二

參宿七

畢宿五

天狼星

大角星

太陽

我們可從恆星的顏色得知它們的表面溫度。

北河二的原文發音念起來跟卡絲特一樣耶！

恆星的一生

恆星在星雲中誕生，但每顆恆星的命運都不同……

白矮星

紅巨星

質量一般的恆星

50億年後，我們的太陽會變成紅巨星，接著不斷縮小，直到變成白矮星!!!

有些會成為質量普通的恆星，比如我們的太陽！

有些會成為超大質量的恆星！

紅超巨星

大質量恆星

参宿四

心宿二

仙王座VV

就目前所知，仙王座VV是**銀河系**中第二大的恆星！

太空中也有很多對**雙星**！

中子星

恆星最後會變成中子星……

不然就是黑洞……

超新星

……並爆炸成**超新星**！

黑洞

超級星座盤

從地球望向夜空，夜空看起來就像一大塊圓頂黑幕，上面貼著一顆顆渺小、不斷閃爍的恆星。這片圓頂黑幕就叫**天球**！在天球上，恆星的相對位置都是固定不變的。

但是地球會自轉，所以我們會覺得天上的恆星像是繞著我們轉，這就是所謂的**周日運動**！

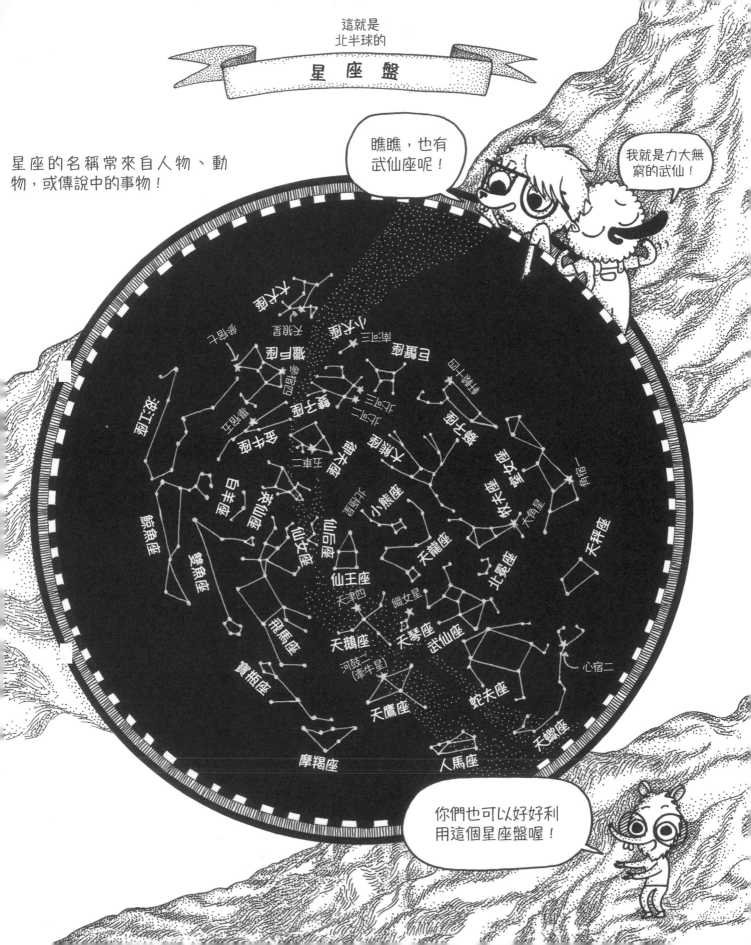

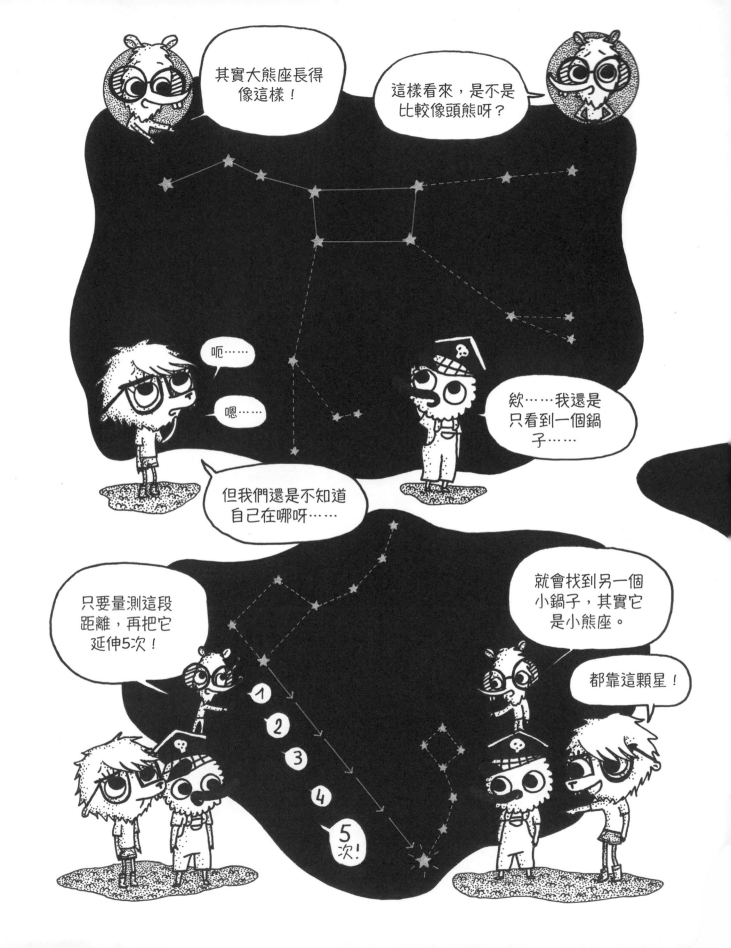

北極星

如果我們把時間調快一點，
晚上就會看到這個景象！

Chapter 9

12星座的騙局

拉特,你說會帶我們看土星環⋯⋯

對,卡絲特!我們往南邊看看吧!

往南方!左舷!就是那兒!

了不起啊,歐尼,與北方相對的就是南方!

啪!啪!

在不同時間和不同季節,我們會看到不同的行星!

你說話給我小心點!太過分了!

你真幸運!在這個時節,整晚都看得到土星喔!

耶!

地球!是地球耶!

你胡說!我們在地球上要怎麼看到地球啊!傻瓜!

但是我們看得到其他行星喔!

你們這是在造反嗎!?

水手們！別吵了！

太陽系的8大行星中，我們用肉眼就能看到5顆！

水星、金星、火星、木星和土星！

好棒棒喔！

行星的希臘文，指的是**會動的星星**！它們和恆星不一樣，會在天球上移動！

所以星座盤上沒有列出行星！

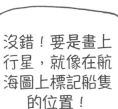

沒錯！要是畫上行星，就像在航海圖上標記船隻的位置！

嘿嘿，那就太蠢了！

所以我們必須認識……

黃道帶的星座

黃道帶共有13個星座,隨著季節在天球上轉換。

牡羊座

雙子座 金牛座 雙魚座 寶瓶座

冬天

這是因為地球自轉,才會讓這些星座看起來像是列隊在移動!

蛇夫座

巨蟹座

獅子座 室女座

天蠍座

天秤座

春天

哎呀,我知道,它們就是12星座嘛!我是寶瓶座!

我是天秤座!

呃……接下來我得告訴你們……

蛇夫座

蛇夫座是黃道帶的第十三個星座。和其他星座相比，它比較不出名，因為占星術沒有提到這個星座。

它的名字來自希臘文Ophiuchus，意思是抓住蛇的人！

蛇夫座！我沒聽過那個星座！

秋天

摩羯座

射手座

夏天

注意!!!
千萬別把**天文學**和**占星術**搞混了！
我們討論的是天文學，也就是研究恆星與行星等天體的科學！

12星座是用在**占星術**上。占星術不是科學，而是一種信念，相信占星術的人認為，我們可以根據恆星與行星的位置預言事件，或是人們的個性會受它們影響。

這種說法雖然不科學，卻有許多人相信！

他們說寶瓶座特別聰明……真是胡說八道！

你確定這種說法真的完全沒道理嗎!?

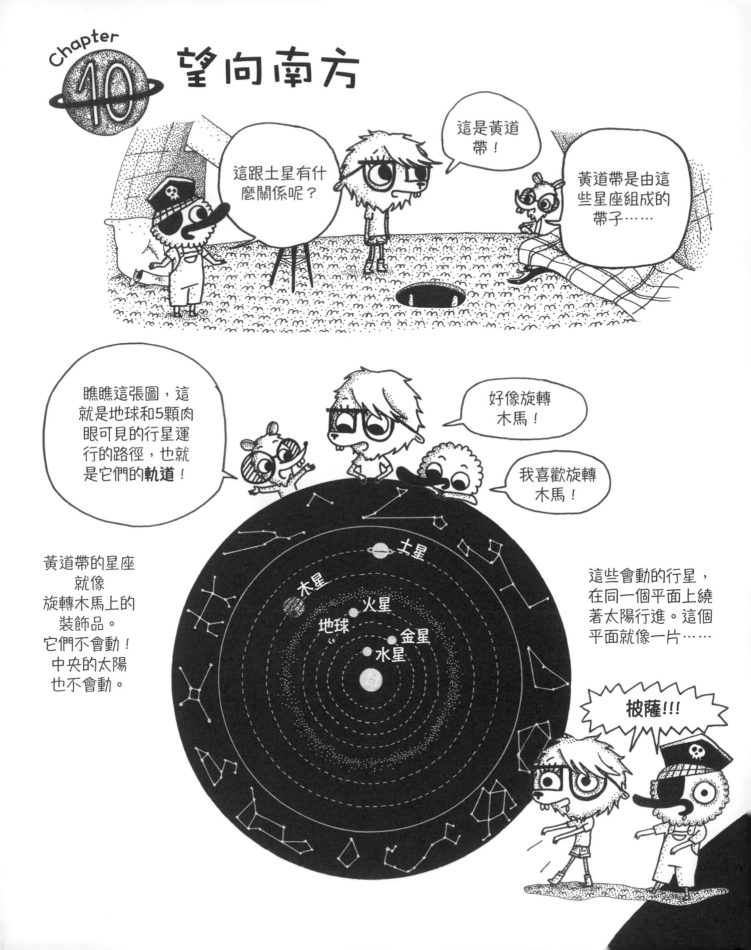

從地球望向天空，太陽和行星就像在黃道帶的13個
星座前方列隊行進。
如果我們看得到所有天體，就會像下面這樣！

就肉眼看來，行星和恆星沒什麼不同。
所以我們必須學會如何分辨行星！

找出行星

1 首先朝向南方（與北極星相反
的方向），就會找到黃道帶！

2 比較一下在天空看到的星座，和星座
盤上的星座！找出不一樣的地方！

辨認

水星離太陽很近。

⚠ 如果沒有戴上特殊濾鏡，千萬
別直視太陽！

金星也被稱作牧羊人
之星！
它非常亮，所以我們在
天黑之前和早上都可以
看到它！

火星

火星富含鐵礦，
所以看起來是紅
色。的！

我看到獅子座，
那兒下方有個很
亮的點……

賓果！
那是一顆
行星！

但我們怎麼知
道那是哪一顆
行星呢？

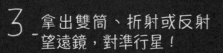
3 拿出雙筒、折射或反射
望遠鏡，對準行星！

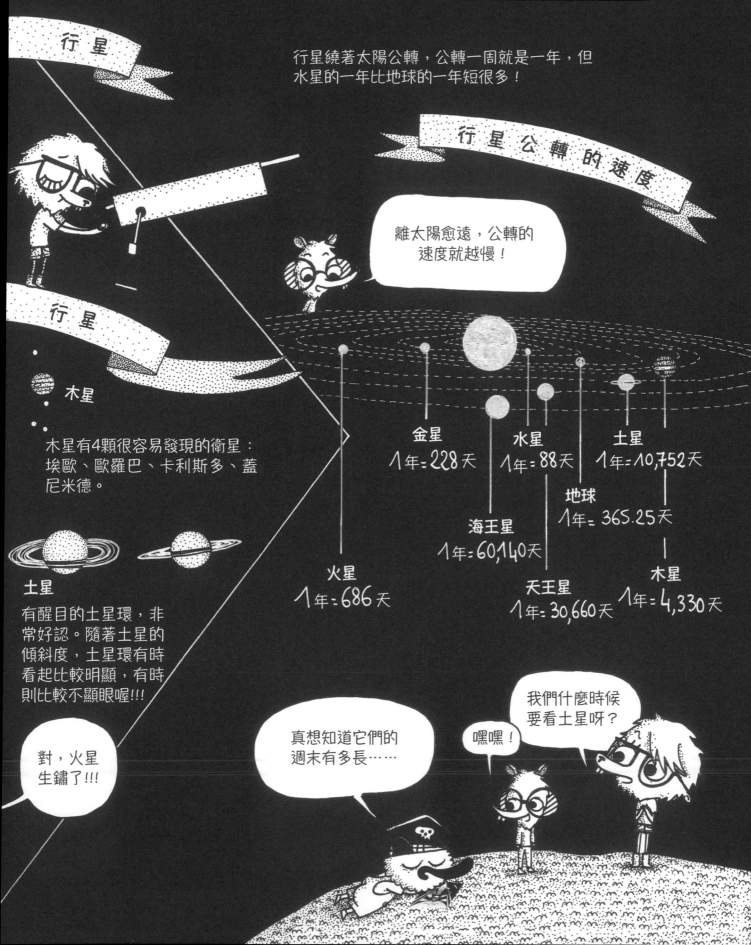

烤肉的光譜學

Chapter 12

美麗的彩虹

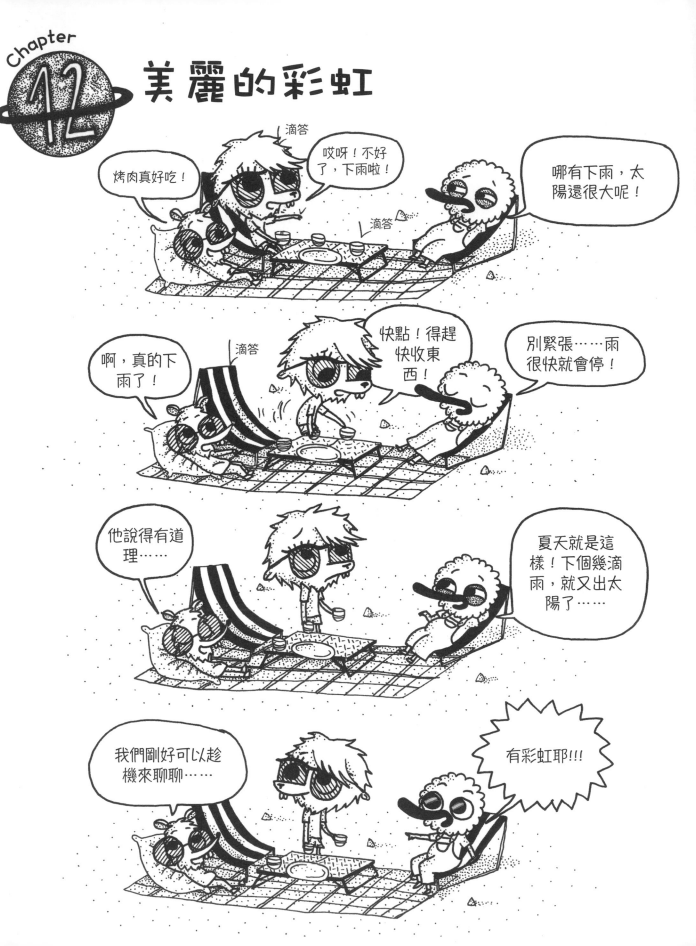

▷ 可見光

稜鏡是切割過的玻璃，可以解析光線！

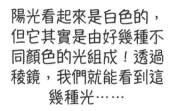

陽光看起來是白色的，但它其實是由好幾種不同顏色的光組成！透過稜鏡，我們就能看到這幾種光……

但大自然中的彩虹，又是誰創造出來的？

滴答

滴答

雨滴就像大自然的稜鏡！

這些不同顏色的光，組成了**可見光譜**！

波的長度

這就是波長！

波長就是2個波峰（高點）或波谷（低點）之間的距離！

這些光會根據本身的波長，散發出不同顏色的光唷！

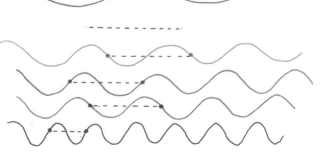

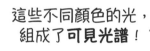

地球被一層稱做**大氣層**的氣體包住！

地球的大氣層會讓波長最短的光散射！

月球沒有大氣層，所以在月球上，天空永遠是黑的！

也就是藍色光和紫色光！

這就是為什麼天空看起來是藍色的！

白天的太陽看起來是黃色的，但到了傍晚，光線得穿越更厚的大氣層。這時大部分的藍色光都被散射，我們就會看到其他顏色的光……

我們就能欣賞散發出紅色光芒、非常壯觀的夕陽！

哇！

太美了！

不可見光

可見光譜是我們看得到的光。

只有這些！

伽瑪射線	X射線	紫外線	紅外線	微波	無線電波

電磁波譜涵蓋了所有電磁波，可見光譜只是電磁波譜的一小部分！

哈哈！也有微波爐的微波耶！

對耶，好有趣！還有無線電波，它竟然也是一種光！

X光

啊！！！

哈囉！

我們用X射線拍X光片，機場也會用X射線來檢查 大家的行李箱裝了什麼！

紫外線
(簡稱UV)

紫外線的波長比紫色光更短！在夏天，人們的肌膚會曬成健康的古銅色，也是紫外線所造成……

……但紫外線也會讓人曬傷喔！

紅外線

紅外線的波長比紅色光更長！紅外線的法文infrarouge，意思是「在紅色下面」!!!

威廉‧赫雪爾
在1800年發現紅外線！

就是我！

他用稜鏡把光線分離，再放上3個溫度計：

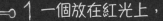

1 一個放在紅光上，

2 一個放在旁邊⋯⋯

3 第三個放在更遠的地方！

哇⋯⋯

他發現第二個溫度計的溫度最高，並且證明了**不可見光**的存在!!!

透過紅外線看到的獵戶座

紅外線對天文學來說非常實用，因為人們可以透過它看到熱。它能呈現無法用肉眼看到的事物，比方說，某些被灰塵雲遮住的東西。

這是可見光下的獵戶座！

獵戶座星雲

這是紅外線呈現的影像！

大霹靂

Chapter 14

宇宙的誕生始於：大霹靂！
這張圖讓我們看到宇宙38萬歲時的樣子，而我們的
宇宙現在已經136億歲了！

宇宙有著一段歷史，這段歷史也有個起點！

這張圖就像「微波化石」，因為它呈現了**大霹靂**時遺留的光！

它是我們所能見到最古遠的影像！

酷!!!

就跟恐龍化石一樣耶！

物質

夸克與電子

不到1秒

大！

英國物理學家**佛萊德・霍依爾**在電台上嘲笑這個理論時，首次提到「大霹靂」的說法。
「你們不會要我相信，宇宙是在一場大爆炸中，『砰』一聲誕生的吧！」

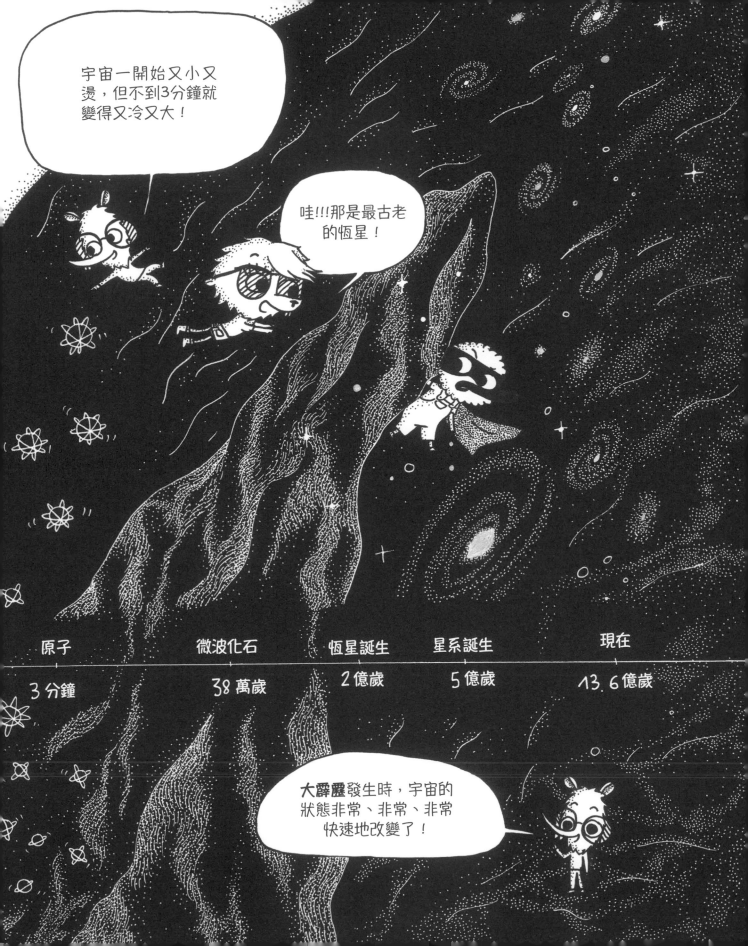

結語

立刻

變身

天文學家！

對初學者來說，雙筒望遠鏡很實用！

拉特有一架裝了鏡片的**折射望遠鏡**！

這些設備都是應用接收光線的原理來觀察星星。口徑愈大，愈能看到夜空中的星星！不過，千萬別在沒有放上濾鏡的情況下對準太陽喔！

反射望遠鏡則裝有許多鏡片！

把轉軸對準北極星！

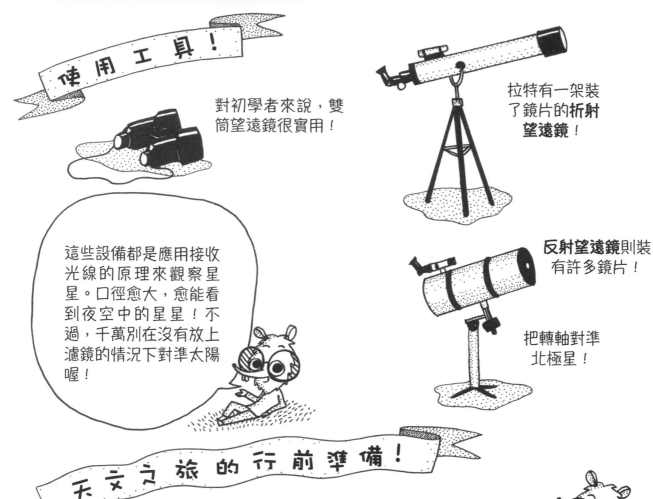

天文之旅的行前準備！

1- 確定夜空晴朗無雲！

2- 出門前先確認每個行星在黃道13宮的位置！

3- 確認當晚不是滿月，因為月光會讓我們看不到大部分的星星！

4- 遠離所有光源！

5- 你需要：
  - 星座盤
  - 雙筒望遠鏡
  - 紅光手電筒，它的光線不強，不會讓我們看不到星星，又能照亮星座盤！
  - 毯子

別忘了你的書！

還有餅乾！

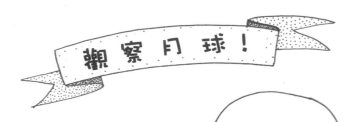

觀察月球！

你可以直接用雙筒望遠鏡觀察月球，
因為它和太陽不一樣，
本身不會發光！
觀測月球的最佳時機，
是上弦月或下弦月的時候。
比起滿月，
當月球界在光明與黑暗之間，
反而最能看清楚月球上的
坑洞！

下圖是分辨上弦月和下弦月的小技巧！

上弦月

下弦月

觀察星空！

尋找下列星星，享受觀星樂趣：
－大熊座
－北極星
和小熊座！

仙后座

仙王座

那不是恐龍嗎？

你們看，仙王座就像一棟房子！

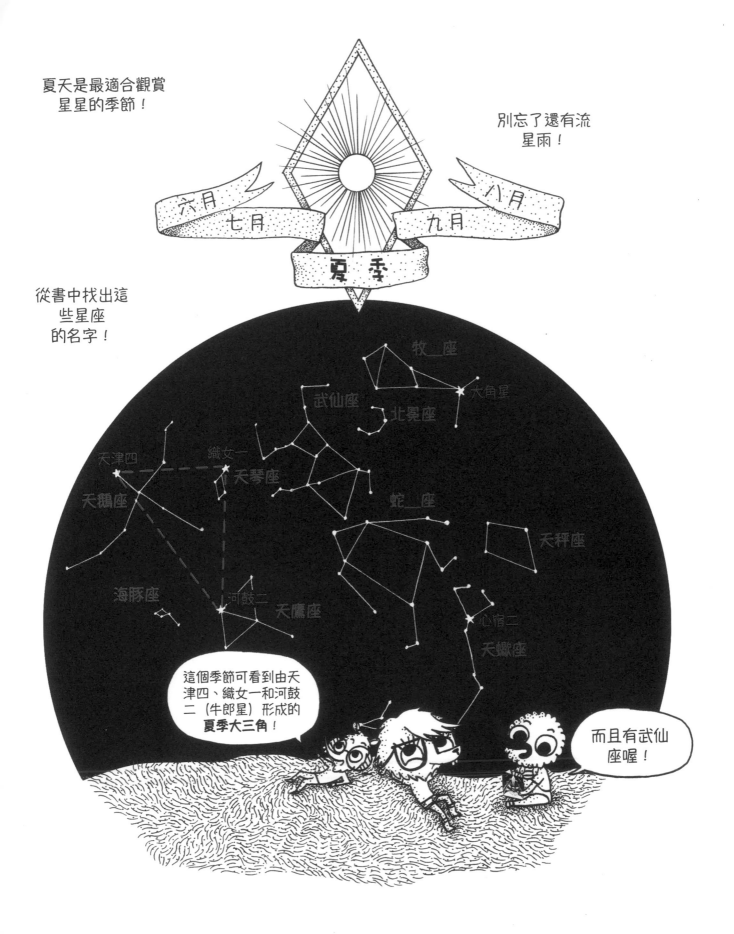

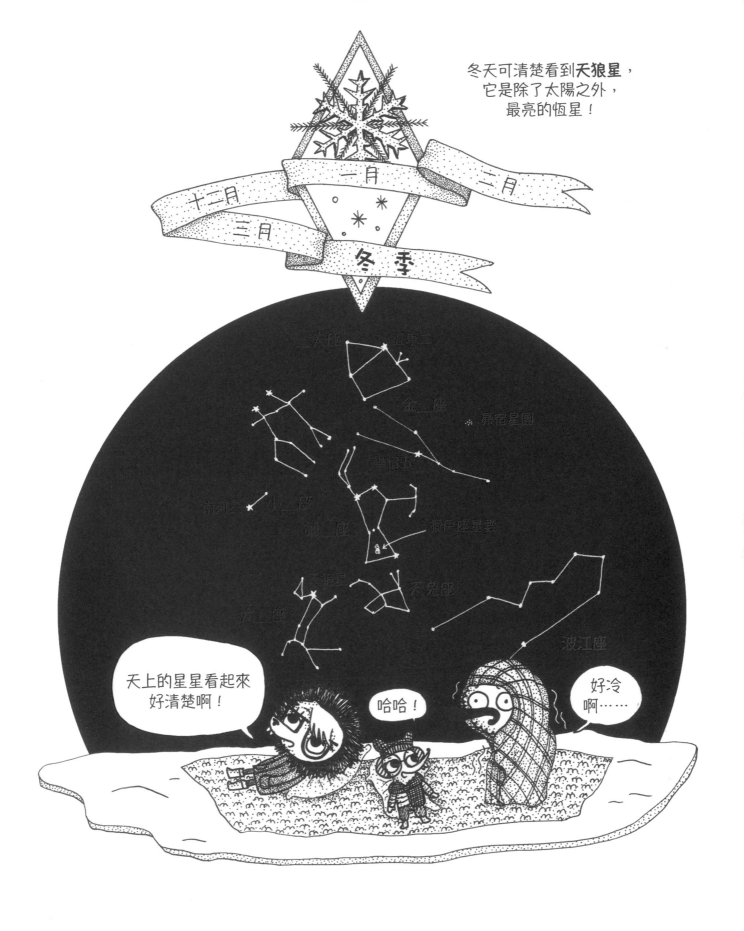

說不盡的感激！

衷心感謝國立書籍中心和奧弗涅一隆一阿爾卑斯大區書籍與閱讀協會的支持。
我非常感謝艾蓮・科杜的校對與建言，她隨時提供協助，對我充滿信心。非常
謝謝讓－弗朗索瓦・岡薩雷斯（Jean-François Gonzalez）在最後一刻臨時幫忙
校對，讓我安心多了。

感謝西蒙・梅耶（Simon Meyer）追蹤進度，感謝華特・蓋約（Walter Guyot）
和安娜・提伯（Anna Thibeau）喚醒我內心沉睡的科學精神。感謝亞德里安・
維西安納（Adrien Viciana）的建言與要求，提醒我地球公轉一圈是365.25天才
對。

感謝潘尼亞・拉比布爾（Pania Rabipour）對光的解釋，感謝朱利安・蘭貝特
（Julien Lambert）的最後校對，感謝所有出力協助的同事，他們的耐心與解釋
助我良多。感謝阿桑普塔・洛平（Assumpta Lopin）總是幫助我克服困難。
感謝其他所有人的關懷與接納。

感謝安（Anne）和安－班娜蒂克特（Anne-Bénédicte）的傾聽，尊重我的工作
計畫，比如黑白配置，某些地方加上幾筆色彩，某一章多幾頁，某一處少點文
字，還有突發狀況，緊急的電郵往來，最後一刻的主題修改，以及「明亮星
星」的反覆無常。

感謝弗德里克・巴塞（Frédéric Basset）的建議與耐性，讓畫面的色彩安排更加
分明。感謝喬立刻對卡絲特充滿信心，並忍受我在拼寫上的強迫症。
感謝皮埃羅，他啟發我創作本書，並力求盡善盡美。

感謝瑪麗的幽默與有她相伴的假期時光。感謝我的母親和外婆，雖然我因為沉
浸在這些星球裡，有時冷落了她們，但我非常愛她們。感謝鴨嘴獸朱利當我的

超級夥伴。感謝艾羅、克羅依、馬提亞斯、歐黛、多莉和羅伯為我打氣。感謝尼可的卡拉巴零食笑話。

感謝馬提和羅曼幫忙搞定圖像編輯軟體。感謝皮耶糾正我的拼字錯誤。感謝所有101號的朋友們，你們忍受我使用小點來作畫，還有我容易激動的個性、心情低落的時刻，還有我的歌聲。

感謝克蕾茹和喬幫忙審閱我無止境的獎學金申請書。感謝潘比和格利在喬治書屋（Maison Georges）分享朋友卡絲特的故事。感謝所有的朋友們，班傑明、瑪歌、尼可、艾絲黛、法萊奇、丹尼、大朱、葛洛伯……我總在繁星之下不斷煩擾你們，之後也會一直持續下去……

中子星：
朝內塌縮的恆星。有些中
子星會變成脈衝星！

超新星：
恆星死亡時，會產生非常明亮
耀眼的爆炸，形成超新星！

黑洞：
朝內不斷塌縮的恆星最終會形成一
個質量緊密、任何東西都無法逃出
的黑洞，就連光也會被吸進去！